BIBLIOTHEQUE

CHRÉTIENNE ET MORALE,

APPROUVÉE

PAR MONSEIGNEUR L'ÉVÊQUE DE LIMOGES.

6me SÉRIE.

Tout exemplaire qui ne sera pas revêtu de notre griffe sera réputé contrefait et poursuivi conformément aux lois.

LES

ANIMAUX

LES PLUS REMARQUABLES

DES EAUX DU NIL.

LIMOGES

BARDOU FRÈRES, IMPRIMEURS-LIBRAIRES.

—

Dans la région du Nil, tous les éléments présentent des êtres caractérisés d'une manière particulière ; les types singuliers d'une création à part s'y reproduisent au sein des eaux comme sur la terre ; on y a reconnu les animaux les plus extraordinaires par leur taille, leur forme et leur organisation. Les vastes marécages de la région pluvieuse, les lacs, qui en occupent les plateaux étendus, forment, pour ainsi dire, des viviers, où abondent des espèces innombrables de poissons et d'autres animaux aquatiques particuliers à ces climats. Lorsque vient la saison des pluies et des hautes eaux, de grandes quantités de ces animaux, entraînés par le trop plein de ces réservoirs, s'échappent et émigrent en suivant la pente naturelle des cours d'eau multipliés qui, pour la plupart, viennent affluer dans le Nil. Le fleuve nourrit une infinité de poissons d'espèces diverses, selon les latitudes qu'il parcourt du Midi au Septentrion. Celles de ces espèces qu'on trouve dans sa partie inférieure, sont en général communes à toute son étendue. Quelques familles descendent rarement avec le cours du fleuve au-delà de

certaines limites que paraissent détermi-
ner la différence de température ou les acci-
dents du fleuve ; il en est qui sont fixées constamment dans la région méridionale, et semblent devoir ne nous être révélées complète-
ment qu'avec les parties du Nil ou de ses affluents qui nous sont encore inconnues. Un
assez grand nombre sont considérées comme
voyageuses et descendent ou remontent le
cours du fleuve selon les époques de sa crue
ou de sa diminution. Il y a des espèces qui se
plaisent davantage dans certains cantons, tels
que le voisinage des cataractes où les eaux
sont sans cesse agitées et courantes ; d'autres
préfèrent ordinairement, et surtout à l'époque de la reproduction, les eaux dormantes
des anses et des canaux. Nous ne citerons que

les plus remarquables de ces espèces multi-
pliées.

Le *bichir* est un des plus extraordinaires
par sa taille, sa forme singulière et les particularités de son organisation. Plusieurs sa-
vants le classent, comme un être isolé, dans
un genre à part. De même que les cétacés, il
est pourvu, à la partie supérieure du crâne,
d'évents qui jettent l'eau avec force ; il tient
du reptile par sa forme et sa peau, dont la
dureté résiste au fer aiguisé ; il faut recourir
à la cuisson du four pour extraire de son en-
veloppe, comme d'un étui, la chair de cet
animal, qui est d'ailleurs très-blanche et pas-
sablement savoureuse. La vaste conforma-
tion de sa gueule armée de dents nombreuses
le fait considérer comme carnivore. Il n'ha-

bite guère que les profondeurs vaseuses du fleuve, et est, par cette raison, très-difficile à prendre.

Le *râad*, en arabe *la foudre*, est ainsi nommé, sur les bords du Nil, par analogie avec un phénomène atmosphérique. Au moyen de l'appareil électrique dont il est pourvu, il cause une commotion assez sensible à quiconque le touche. Cette particularité, et sans doute aussi l'expérience des faits, ont mis en réputation parmi les Arabes les propriétés efficaces de la graisse de ce poisson, dans laquelle réside cette vertu particulière ; ils la brûlent pour en dégager le gaz qui, respiré ou communiqué par le contact, paraît être un remède infaillible dans certaines maladies.

Les *tetrodon fahaka*, petite espèce de poissons , se montrent en grand nombre à certaines époques. Ils sont remarquables par la poche aérienne dont ils sont munis. D'après les observations , l'estomac , chez cet animal, a la propriété de se gonfler et de se vider à volonté. Une sorte de dilatation du ventre produit extérieurement une vessie enflée d'air en forme de globe et revêtue de piquants qui la protégent. Dans cet état de gonflement de sa partie inférieure , il arrive que le corps , soulevé par cette sorte de poche vide , venant à l'emporter par son poids , le fahaka se trouve retourné sur le dos. Ainsi placé , l'animal est incapable de se diriger ; fixé sur la surface de l'eau , il devient le jouet des vents et des courants du fleuve. Par cette raison, il se plaît davantage dans les eaux tranquilles des anses, des mares ou des canaux. Surpris par la retraite des eaux de l'inondation, un grand nombre de ces poissons restent enfermés dans les flaques dont le prompt dessèchement les fait bientôt périr, lorsqu'ils ne deviennent pas la proie des hommes ou des animaux.

C'est ordinairement dans les mares laissées par l'inondation que des villages entiers vont chercher, à une certaine époque, une nourriture facile et abondante, dont le fahaka fait tous les frais. Les enfants mêmes s'en emparent pour s'en amuser en les gonflant et les vidant alternativement, ou les écrasant avec bruit.

Le Nil nourrit encore une multitude d'autres poissons non moins intéressants, mais qu'il serait trop long de mentionner. C'est aussi dans les eaux de ce fleuve et de ses affluents qu'on trouve les plus grandes espèces connues d'animaux amphibies.

A la tête de ces monstres se place *l'hippopotame*, ou *cheval de rivière*, ainsi nommé parce que, dès l'antiquité, on a cru reconnaître quelque analogie entre son cri et le hennissement du cheval avec lequel il ne paraît pas avoir d'ailleurs d'autre point de ressemblance, si ce n'est une espèce de crinière très-rare et claire-semée sur la crête du cou. On lui a trouvé aussi quelques rapports avec le bœuf, et les habitants arabes des bords du Nil lui donnent indifféremment le nom de *faras*, ou celui de *bagharah el bahr*, *cheval* ou *bœuf de rivière*.

Cet amphibie est, sans contredit, le colosse des eaux ; il approche de la grosseur monstrueuse de l'éléphant , et vient après lui et le rhinocéros dans l'ordre de taille ; il égale même ce dernier selon quelques relations. On lui donne près de treize pieds de longueur , et même quelquefois davantage , depuis l'extrémité du museau jusqu'à la naissance de la queue ; quinze pieds de circonférence , six et demi de hauteur. Sa gueule a plus de deux pieds d'ouverture. Elle est surtout remarquable par les dents dont elle est armée , et qui sont au nombre de trente-six , dont quatre canines ; ces dernières atteignent à près de quinze pouces de longueur , et sont tranchantes comme les défenses du sanglier ; elles pèsent environ treize livres chacune ; l'ivoire en

est si dur que le choc de l'acier peut en tirer
du feu ; il est en outre remarquable par une
blancheur éclatante et inaltérable , tandis que,
en général , l'ivoire jaunit en vieillissant; aussi
les dents d'hippopotames sont-elles recher-
chées de préférence à tout autre ivoire. La
peau de cet amphibie, de couleur noire ou
brune , quelquefois tirant sur le fauve , ridée
et sans poil comme celle de l'éléphant, est
aussi dure que celle d'aucun autre animal ;
elle a plus d'un pouce , et même , dit-on ,
trois pouces d'épaisseur dans certains endroits,
est presque entièrement impénétrable à la
balle. Celle de la tête étant moins épaisse et
adhérente à des parties osseuses , est plus
vulnérable ; c'est là seulement , ainsi que
sous les aisselles , qu'on peut le frapper mor-

tellement. Le poids total de cet animal, à l'âge adulte, et de grosseur ordinaire, est évalué à plusieurs milliers de livres environ.

L'hippopotame est organisé pour vivre au sein des eaux de même qu'à l'air libre ; ces deux éléments paraissent également nécessaires à son existence : pendant le jour, il reste généralement au fond des fleuves ou des lacs ; il en sort la nuit pour venir brouter l'herbe, le jonc et d'autres végétaux, ainsi que fait le bœuf. On a prétendu qu'en outre il se nourrit de poissons ; mais aucun fait, que nous sachions, n'est venu, jusqu'ici, justifier cette assertion ; il semble seulement herbivore.

A défaut d'herbes ou de plantes, il cherche

sa nourriture dans les racines d'arbres, qu'il coupe à l'aide de ses quatre dents incisives. Les hippopotames, dans certaines parties de la Nubie, sont un véritable fléau pour l'agriculture. En une seule nuit, ils dévorent ou dévastent des plantations de riz ou de cannes à sucre. Par son énorme capacité, on peut se faire une idée de la consommation que fait un pareil animal lorsqu'il est affamé. Les cultivateurs n'ont d'autre ressource contre ces dévastations nocturnes que de veiller autour de leurs récoltes. Si l'hippopotame vient à se montrer hors de l'eau, à défaut des armes nécessaires pour l'attaquer ou le tuer, les cris de l'homme, le bruit d'une sorte de tambour, ou la vue du feu, suffisent pour le contraindre à la retraite. A terre il est craintif, parce qu'il n'y peut développer, comme dans l'eau, sa vélocité et sa force. Ses jambes, très-courtes, sont un obstacle à la vitesse de sa course. Aussi s'éloigne-t-il rarement des lieux où il peut, en cas de surprise, disparaître à l'instant, en plongeant sous l'eau. Cet élément est celui qu'il préfère parce qu'il y peut user de ses avantages ; il nage plus vite qu'il ne court ; c'est là le domaine où il a fixé son séjour habituel, parce qu'il y trouve sécurité : là il n'a donc aucun ennemi à redouter, pas même le crocodile, qui ne saurait combattre avec avantage un monstre dont l'armure est impénétrable et la force terrible. On croit avoir remarqué que les cantons fréquentés par l'hippopotame sont désertés par cet autre amphibie puissant, seul rival en état de lui disputer l'empire des eaux. Dans cet élément, l'hippopotame reprend avec l'assurance et la liberté d'action toutes les habitudes de son instinct fougueux. La présence des embarcations qui voguent à la surface de l'eau semble l'inquiéter et lui porter ombrage ; et il arrive souvent que, sans provocation, il les attaque comme un ennemi dangereux qui envahit son domaine, ou comme un piége tendu contre sa liberté. Parfois il les soulève avec le dos et tente de les faire chavirer. En général, il fuit devant le chasseur ; mais une blessure l'irrite et alors il se retourne et s'élance avec fureur contre l'embarcation que monte l'agresseur, et la saisissant de toute la largeur de sa gueule ouverte, il y plante ses redoutables dents canines ; et s'il ne parvient à la briser par la force extraordinaire de ses mâchoires, il traverse l'épaisseur des planches et ouvre par ses attaques réitérées, des voies d'eau qui submergent son ennemi.

On trouve chez les auteurs anciens des détails sur la manière de tuer l'hippopotame. Cette chasse exigeait un grand nombre de personnes, montées sur plusieurs barques jointes ensemble. On harponnait le monstre, et lorsqu'on avait réussi à le piquer, on lui filait du cable jusqu'à ce qu'il eût perdu sa force avec le sang. Aujourd'hui les habitants des bords du Nil tendent des filets à mailles très-fortes, et une fois pris dans ce piége, il est facile de l'exterminer.

La femelle de l'hippopotame est un peu

moins grosse que le mâle ; il paraît qu'elle ne porte qu'un seul petit à la fois, comme l'éléphant et tous les grands animaux. Plus de fécondité serait une calamité pour les pays cultivés où vit ce colosse, vu la quantité de nourriture qui lui est nécessaire. La mère nourrit son petit comme la vache, du lait qu'il tette à ses mamelles. Dès qu'il est né, son instinct le porte à courir à l'eau, et souvent il s'y met sur le dos de sa mère.

L'espèce de l'hippopotame, particulière à l'Afrique, paraît confinée en certains climats de ce vaste continent, et pour ainsi dire entre les tropiques. On le trouve dans les fleuves de la zone torride jusqu'à leur embouchure, et même, suivant quelques auteurs anciens, il ne fuit pas l'eau salée ; des voyageurs prétendent même avoir rencontré l'hippopotame à plusieurs lieues en mer , ce qui lui a valu par suite le nom de *cheval marin*. Le défaut de température élevé empêche seul cet animal de descendre dans la région inférieure du Nil et même dans la Haute Égypte et la basse Nubie. L'hippopotame ne commence guère à se montrer que dans la Nubie moyenne et au-dessus de la grande cataracte de l'Ouadi-Halfah. L'espèce est plus nombreuse dans certains cantons où les profondeurs du fleuve et la fertilité de ses rives présentent la réunion des conditions favorables à ses habitudes et à ses besoins.

On tire un bon produit de la capture d'un pareil animal. On en extrait deux mille livres environ de lard , dont on fait un excellent

beurre. Sa chair n'est pas désagréable. De sa
peau on fabrique des armures et des fouets,
appelés courbaches, qui sont en usage dans
tout l'Orient.

Parmi les reptiles du Nil, on peut citer le
tubinambis. Cette espèce de lézard, regardée
comme amphibie, atteint jusqu'à trois ou
quatre pieds de longueur. Il y en a deux sor-
tes : l'une vit dans le désert ; Hérodote l'a
désigné sous le nom de crocodile terrestre ;
par analogie, les Arabes l'appellent aussi
lézard du désert. Ils se distingue particulièrement de celui du Nil par l'épaisseur et la
forme arrondie de sa queue charnue. Celui
qui nous occupe, comme amphibie, est généralement connu sur les bords du fleuve sous
le nom de *lézard de rivière.* L'idée assez

généralement répandue qu'à la vue du crocodile , il pousse un cri d'alarme qui tient du
sifflement , comme pour prévenir l'homme de
la présence de cet ennemi redoutable , leur a
fait donner le nom de *monitor* , et par suite
celui de *sauveur*, de *sauvegarde*. Il est certain
qu'il n'y a rien que de très-naturel dans ce
sifflement , par lequel le tupinambis exprime
une terreur qu'inspire d'ailleurs à tous les
habitants du fleuve le tyran redouté de ses
eaux. Pourvu d'une organisation analogue
à celle du crocodile , il passe, quoique beaucoup plus petit , pour avoir les mêmes habitudes de voracité et pour être carnassier
comme lui. Différent des autres reptiles aquatiques , il n'a point les pattes palmées ; sa
queue, assez longue et déprimée , est sur-

montée d'une crête. Sa morsure est , dit-on , venimeuse.

Il reste à parler du plus fameux des habitants du Nil , le *crocodile*.

D'un naturel sauvage et défiant , ce reptile amphibie , de l'espèce des lézards, est difficile à surprendre , surtout lorsque avec l'âge se sont développées chez lui toutes les ressources de l'instinct le plus ombrageux. Une partie de son existence , cachée au sein des eaux , se dérobe à l'observateur : plusieurs de ses habitudes sont encore un mystère. Toutefois Hérodote fait connaître cet animal par les particularités qu'il en avait apprises des prêtres ou de habitants de l'Égypte , et les observations modernes ont confirmé la plupart de ses assertions. Il est certain que de très-petit qu'il est à sa naissance et lorsqu'il sort de l'œuf qui , pour la grosseur n'excède pas celui de l'oie , le crocodile prend un développement extraordinaire qu'on a évalué, dans l'antiquité, de 16 à 17 coudées de longueur , et quelquefois même jusqu'à 25, c'est-à-dire environ onze ou douze mètres. Lorsqu'il est parvenu à son dernier accroissement, sa peau, revêtue à la partie supérieure d'écailles ou d'aspérités , a acquis une telle dureté qu'elle est impénétrable et à l'épreuve des armes à feu; le ventre et les aisselles , plus tendres , sont les seuls endroits vulnérables. Sa gueule , fendue dans presque toute la longueur de la tête et armée de dents terribles , dont plusieurs sont saillantes en dehors , paraît n'avoir de mobilité que dans la mâchoire supérieure qui se referme sur l'inférieure ; l'organe de la langue y est peu développé, car on ne saurait donner ce nom à une espèce de membrane ou de tégument à peine apparent dans le fond de la gueule. Comme les amphibies en général, le crocodile vient à terre pour dormir et se reposer de la vie active qu'il mène sous les eaux. C'est aussi sur le sable que la femelle dépose ses œufs, qui viennent à éclore après un mois environ d'exposition à la chaleur solaire.

Si les crocodiles se livrent à leur instinct de férocité contre presque tous les animaux, même les plus gros, ils semblent vivre en bonne intelligence entre eux, et, pour ainsi dire, dans une sorte de communauté de famille. Il n'est pas rare de les voir rassemblés, grands

et petits, au nombre de 10 ou 12, et souvent davantage sur les îles de sable que les eaux basses laissent à découvert au milieu du fleuve.
Mais on ne saurait les approcher : à la moindre apparence de danger, et à l'alarme donnée
par le plus vigilant d'entre eux, toute la troupe
disparaît en plongeant au même instant sous
l'eau. La voile d'une barque dans l'éloigne-
ment suffit pour donner l'éveil au crocodile ,
d'autant plus en défiance qu'il n'est pas en
compagnie de ceux de son espèce : aussi est-
il très-difficile de le surprendre , même seul ,
à moins qu'il ne soit profondément endormi
après avoir été longtemps privé de sommeil.
Quelques animaux d'ailleurs lui servent aussi
de sentinelles avancées. Il ne paraît pas dé-
montré , ainsi qu'on l'a dit , que toute la na-

ture vivante fuit à le vue du monstre ; plusieurs espèces d'oiseaux aquatiques passent pour se tenir parfois dans son voisinage. On a cité même un oiseau de très-petite espèce , le *trochilus*, parmi les compagnons familiers du crocodile. On a dit que pendant le sommeil de cet amphibie , le petit oiseau se glisse dans la gueule sanglante et entr'ouverte du monstre , et le débarrasse , en les avalant, des nombreux insectes qui la remplissent ordinairement. S'il est permis de ne pas croire à cette confiance trop audacieuse du trochilus , on peut aussi révoquer en doute l'inimitié acharnée attribuée à l'*ichneumon* , qui passait pour chercher avec persévérance les œufs du crocodile dans le sable , sans autre but que de les casser et d'anéantir la reproduction de

l'espèce , paraissant ainsi voué par son ins
tinct à un travail plus profitable aux hommes qu'à lui-même. La trop grande multipli-
cation du crocodile serait un fléau pour
l'homme ; son voisinage est trop funeste aux
habitants du Nil. Il arrive parfois que cet
animal vorace, poussé par la faim , attaque
les bestiaux et les animaux les plus gros qui
viennent se désaltérer ; il va même hors de
l'eau pour chercher une proie qui lui semble
facile et inoffensive : un enfant isolé , ou l'homme endormi sur la rive. C'est un ennemi redoutable , surtout pour les femmes , qui plusieurs fois par jour , entrent dans le fleuve
jusqu'à mi-corps, pour faire la provision d'eau
ou pratiquer les ablutions en usage dans tout
l'Orient. Aux heures accoutumées , l'animal

guette sa proie, et s'avançant entre deux eaux,
il la renverse de sa puissante queue et l'en-
traîne au loin sous les flots pour s'en repaître
à loisir.

Dans les endroits qu'il fréquente plus particulièrement, l'exercice de ses facultés de
destruction, développées au dernier degré par
des besoins plus impérieux chez les grands
individus de l'espèce, le signale à l'attention
et à la terreur des habitants voisins du fleuve.
Tel crocodile, connu dès longtemps dans un
canton pour ses habitudes de carnage et les
nombreuses victimes de sa voracité, est ordinairement désigné par la population du lieu
sous un surnom, expression de la force et de
la puissance réunies, et qui rappelle les idées
de meurtres et d'exécutions sanglantes dans

lesquels se résume trop souvent l'exercice du pouvoir chez les Orientaux et les Africains. En certains lieux on l'a surnommé le *Visir* ou le *Sultan* : ailleurs, connu de plusieurs générations successives, il a reçu, à cause de son grand âge, le nom de *cheyk*, c'est-à-dire le patriarche, l'ancien du canton. La tradition a conservé à l'espèce du crocodile en général le véritable nom qu'il reçut dans l'antiquité ; la plupart des habitants actuels de la vallée du Nil l'appellent encore *temsah*, comme dans l'idiome des anciens Égyptiens.

uivant Hérodote, on prenait le crocodile, dans les temps antiques, au moyen d'un hameçon auquel on attachait un morceau de chair de porc. Nous empruntons à un voyageur moderne, M. Caillaud, la relation des moyens employés pour cette capture par les habitants actuels de la Nubie supérieure.

« Ils se livrent, dit-il, à la chasse du croco-
» dile sur les grèves sablonneuses qui bor-
» dent le lit du fleuve et sur les îles. Dans
» les basses eaux , ces hommes , qui connais-
» sent les endroits où les crocodiles ont cou-
» tume de venir respirer l'air en nature , y
» élèvent de petites murailles en terre de deux
» ou trois pieds de haut. Au sortir du fleuve ,
» ces animaux viennent s'abriter derrière elles
» et s'y endorment. Lorsque les chasseurs en
» aperçoivent un dans cette position , l'un
» d'entre eux s'approche à bas bruit de peur
» de l'éveiller , et se tenant à couvert der-
» rière le petit retranchement , lui enfonce
» dans la gueule ou dans le côté du cou , au

» défaut des os de la tête et des écailles , un
» dard en forme d'hameçon , emmanché au
» bout d'une hampe au bout de laquelle est
» roulée une longue corde. Si le monstre
» vorace ne meurt pas du coup et regagne le
» fleuve , le harponneur lui file la corde jus-
» qu'à ce qu'il soit affaibli , après quoi on le
» retire du fond de l'eau. »

La peau du crocodile est employée à fabri-
quer des boucliers ; celle du ventre, moins
dure et plus simple , est façonnée en forme
de gaîne ou de fourreau destiné à renfermer
le large glaive nubien ou le poignard que les
Barabras portent généralement attaché au
bras gauche.

LES STEPPES ET LES SAUTERELLES

Les steppes s'étendent des frontières de la
Hongrie jusqu'à celles de la Chine. Ils forment
une plaine immense presque sans solution
de continuité, couverte, au printemps et à
l'automne, d'une herbe abondante ; en hiver,
de neiges errantes, qui tantôt s'amoncellent
en tas, tantôt laissent le sol entièrement nu ;
en été, de nuages d'une poussière si fine, que
même dans les temps les plus calmes, ils restent suspendus dans l'air, offrant plutôt
l'aspect d'une vapeur qui s'exhale de la terre

que de molécules solides mises en mouvement par l'agitation de l'atmosphère.

Cette plaine est très-élevée. Elle se termine à la mer Noire par une terrasse taillée à pic haute de plus de 40 à 60 mètres au-dessus du niveau de la mer. On n'y découvre que de loin en loin de légères éminences naturelles qui ne méritent même pas le nom de collines ; mais elle est sillonnée de ravins profonds formés par les rivières qui l'arrosent , et qui , à la fonte des neiges , devenues très-fortes et très-rapides , changent souvent de lit dans leur course vagabonde. Sa particularité la plus caractéristique , c'est le manque absolu d'arbres sur un sol remarquable par la richesse et l'abondance des pâturages. On peut y faire de suite plusieurs centaines de lieues en ligne droite sans apercevoir même un buisson, à moins qu'on ne connaisse quelques-uns des rares fourrés où les chasseurs tartares sont presque toujours sûrs de trouver du gibier.

Le climat des steppes passe d'un extrême à l'autre. En hiver, le froid y est très-rigoureux ; en été, la chaleur y est accablante. Les mois les plus froids sont ceux de décembre, janvier et février. Certains vents y soufflent si souvent et avec tant de violence que la neige, constamment balayée et emportée par ces tempêtes, n'a pas le temps de s'y solidifier et ne permet pas, comme dans les provinces septentrionales de la Russie, d'y jouir, en compensation, des nombreux avantages du traînage. Le printemps com-

mence lorsqu'elle fond , ce qui a lieu d'ordinaire au mois d'avril. Cependant le mois de
mai s'écoule quelquefois presque tout entier
avant que la masse d'eau qui en résulte ait été
absorbée par la terre , ou se soit écoulée dans
les rivières. Pendant ce temps , toute la surface des steppes est une mer de boue dans
laquelle ni les hommes ni les animaux ne
peuvent s'aventurer sans s'exposer à un danger positif.

Ce passage d'une saison à l'autre ne se
fait pas sans de grandes variations de tempé-
ratures. Il n'est peut-être aucune contrée ou
l'hiver oppose au printemps une plus longue
résistance. Le printemps n'en triomphe même
complétement que lorsque l'été vient à son
secours. C'est alors la plus belle période de

l'année. Le steppe se couvre partout d'une herbe magnifique, émaillée de tulipes et de jacinthes.

Les orages sont fréquents dans les steppes pendant le mois de mai. En juin, la sécheresse commence ; les pluies ont complétement cessé. En juillet, la terre, desséchée, se crevasse de tous côtés. Excepté sur quelques endroits privilégiés, la végétation disparaît, le sol calciné devient noir. Les lacs et les étangs se transforment en plaines de sable ; la plupart des sources se tarissent. L'eau acquiert une telle valeur, que des sentinelles la gardent nuit et jour pour empêcher les voleurs d'en approcher. Alors les hommes et les animaux souffrent cruellement de la faim et de la soif. Il périt des milliers de chevaux et de bêtes à cornes. En un mot, l'été est souvent plus pénible dans les steppes que dans le Sahara africain ou les Lanos de l'Amérique espagnole. Vers la fin du mois d'août, les rosées recommencent, les orages reviennent et ils sont souvent accompagnés de pluies. La verdure reparaît, les hommes et les animaux semblent renaître. La température du mois de septembre est des plus douces. Malheureusement l'automne ne dure que quelques semaines. Le mois d'octobre ramène les brouillards et les pluies froides.

L'herbe des steppes n'est pas seulement émaillée de tulipes et de jacinthes; on y trouve une quantité beaucoup trop considérable de *burian*, c'est-à-dire des plantes ou d'herbes dont les troupeaux refusent de se nourrir et qui font le désespoir des agriculteurs ou des éleveurs. Souvent, en outre, quand on a extirpé d'un terrain tout le *burta*, l'herbe qui croit à la place est si dure et si sèche que le bétail ne peut pas la brouter. On est obligé d'y mettre le feu pour s'en débarrasser. Ces flammes s'étendent quelquefois bien au-delà des limites qui leur sont assignées et finissent par causer de grands ravages. Par compensation, les cendres des herbes brûlées forment un excellent engrais, et la moisson de l'année suivante répare presque complétement les pertes subies par les victimes de ces incendies.

De tous les fléaux qui menacent les habitants des steppes, les plus dangereux et les plus redoutés sont, sans contredit, les inva-.

sions de sauterelles. Il y a trente ans, lors de l'arrivée des premiers colons allemands, on en connaissait deux espèces qui ne s'y multipliaie. . pas démesurément, et jusqu'alors elles n'avaient inspiré aucune crainte. Vers 1820, on commença à remarquer qu'elles augmentaient en nombre d'une manière inquiètante. En 1824 et 1825, elles occasionèrent de grands dégats. Mais, en 1828 et 1829, elles envahirent le pays par troupes innombrables. Leurs colonnes épaisses interceptaient la lumière du soleil ; elles détruisirent les moissons, et, dans plusieurs localités, elles ne laissèrent pas la moindre trace de végétation derrière elles. Les colons, désespérés, croyaient que le jour du jugement dernier était venu. Dans leur détresse, ils demandèrent conseil à leurs voisins les Russes et les Tartares. Ceux-ci n'étaient pas moins embarrassés ; les hommes les plus âgés parmi eux n'avaient conservé aucun souvenir d'une pareille dévastation. Tout ce qu'ils se rappelaient, c'était que leurs pères leur en avaient parlé quand ils étaient jeunes.

Les Allemands tinrent conseil et combinèrent un système d'opérations destinées à protéger leurs propriétés contre ces essaims dévorants. D'abord ils établirent une espèce de police. Quiconque aperçoit une nuée de sauterelles est tenu de donner aussitôt l'alarme et faire avertir le schulze. Celui-ci se hâte de convoquer les habitants — hommes, femmes, enfants, vieillards — qui doivent

accourir armés de clochettes , de chaudrons ,
de fusils , de tambours , de fouets , voir même
de petits canons, s'ils en ont, etc., afin de faire
sous ses ordres le plus de bruit possible. Ces
charivaris ont souvent pour résultat d'effrayer
les sautérelles. Changeant de direction elles
vont s'abattre sur une localité moins bruyante. Elles redoutent encore plus la fumée que
le bruit. En conséquence, dès qu'on les voit
venir, on se hâte d'amasser autour des champs
d'où l'on veut les chasser de la paille , des
broussailles , des herbes, du fumier desséché,
et on y met le feu. Toutefois , cet expédient
ne réussit pas toujours. Il arrive souvent que
les derniers rangs de saurelles , ne voyant
et ne sentant pas la fumée , poussent les premiers rangs dans les flammes. Les cadavres

amoncelées de plusieurs milliers de victimes éteignent l'incendie, et l'invasion qu'il avait pour but de prévenir a lieu. D'ordinaire, il est vrai, surtout si la fumée est très-épaisse et très-odorante, elle détermine les sauterelles à changer de direction. Alors, il s'agit en outre de les forcer à en prendre une qui n'inspire aucune inquiétude, à les chasser, par exemple, dans un lac ou dans la mer. L'avant-garde tombe dans l'eau et elle y forme de petites îles flottantes sur lesquelles le gros de l'armée vient se poser et s'entasse à près d'un mètre d'épaisseur, le vent souffle-t-il de terre, elles sont toutes submergées; la brise est-elle légère, au contraire, celles qui survivent, et le nombre en est grand, s'efforcent de regagner le rivage, où elles séchent bien vite leurs ailes pour se remettre en route.

L'instinct des sauterelles les guide de préférence vers les jardins qui entourent les habitations. S'il se trouve un village à droite ou à gauche de la ligne qu'elles suivent, elles ne manquent jamais de se détourner pour aller le dévaster. On ne saurait s'imaginer ni décrire la terreur dont les habitants qui n'ont pu les contraindre à s'éloigner sont saisis à leur approche. Quand elles s'abattent sur un champ, sur un verger, sur un jardin, elles en couvrent toute la surface à une épaisseur de plusieurs pouces, tandis que d'autres myriades se succédant sans interruption, interceptent la clarté du jour. Il faut alors fermer avec soin les portes et les fenêtres et boucher même les cheminées , car elles s'introduiraient par ces ouvertures dans l'intérieur des maisons, et elles y causeraient de grands dégâts.

Ces sauterelles sont longues d'environ deux pouces ; elles se reproduisent par des œufs que la femelle dépose dans la terre, au nombre de 50 à 70. Ces œufs sont blancs et de la grosseur des œufs de fourmi. Ils n'éclosent qu'à la fin d'avril ou de mai. Les jeunes sauterelles commencent à se montrer avec les premiers beaux jours du printemps. Elles ne volent pas encore , mais elles marchent et elles mangent plus que les vieilles. Tant quelles sont privées d'ailes , il est inutile de chercher à les effrayer soit par des feux allumés , soit par des décharges de mousqueterie. Entreprendre de les détruire, ce serait perdre son temps. Sur le nombre total, que ferait une différence de dix ou douze millions ? Au bout de trois ou quatre semaines, elles atteignent toute leur grosseur. A cinq semaines leurs ailes sont formées. Alors elles s'envolent et parcourent les steppes à la recherche de champs et de jardins jusqu'à la mi-septembre, époque à laquelle elles meurent après avoir fait leurs œufs.

C'est au mois d'août qu'on voit les essaims les plus nombreux. Rarement elles se mettent en route avant huit ou neuf heures du matin. Quelquefois elles ne s'arrêtent qu'à minuit. On les entend venir de loin tant elles font de bruit en volant. Lorsqu'elles s'abattent, on dirait une pluie de pierres.

Un essaim a d'ordinaire une forme ovale, un quart de verste de largeur et deux à trois vrestes de longueur. Quant à son épaisseur, il est difficile de l'évaluer exactement. Elle doit être considérable, puisque les rayons du soleil ne sauraient le traverser et que l'ombre qu'il projette sur la terre en passant y répand une fraîcheur très-sensible. On a calculé qu'un essaim qui couvre un verste carré, soit 12,250,000 pieds carrés, contenait au moins mille millions de sauterelles.

Quand il fait du soleil, les couches inférieures se tiennent en général à 80 mètres au-dessus du sol. Si, au contraire, le ciel est sombre et couvert, elles rasent la terre de si près qu'un homme qui les rencontre se voit obligé de leur tourner le dos et de se tenir

solidement jusqu'à ce qu'elles soient pas-
sées.

Bien que les sauterelles préfèrent certaines
plantes, elles ne se montrent pas difficiles et
elles dévorent indifféremment tout ce qu'elles rencontrent. En quelques heures elles
transforment un oasis en désert. Chacune
d'elles, au dire des Russes, mord comme un
cheval, mange aussi gloutonnement qu'un
loup, et digère plus facilement et plus promp-
tement qu'un autre animal.

UN CONTE ORIENTAL.

Sadik-Beg descendait d'une bonne famille. C'était un bel homme, et, ce qui vaut mieux encore, un homme de cœur, de sens et d'esprit ; mais i était pauvre ; il ne possédait que son épée et son cheval, et pour vivre, il s'était engagé en qualité de garde au service d'un nabab. Un jour ce nabab, ayant apprécié les bonnes qualités de Sadik , et s'étant assuré qu'il descendait de parents honorables , résolut de lui donner en mariage sa fille

Houseini , qui , bien que douée d'une grande beauté , ainsi que l'indiquait son nom , avait des manières hautaines et un caractère indomptable. La belle mais fière et désagréable Houseini ne s'opposa point au désir de son père , et , malgré la disproportion énorme des rangs et de la fortune des deux époux , le mariage fut célébré quelques jours après avoir été décidé , et l'heureux couple vint habiter des appartements splendides préparés tout exprès pour lui dans le palais du nabab.

Sadik-Beg avait de nombreux amis ; les uns se réjouirent de ce qui lui était arrivé , espérant que désormais une existence heureuse lui était assurée ; les autres s'en affligèrent, persuadés qu'il était condamné à supporter jusqu'à la fin de ses jours les caprices d'une femme impérieuse. Le plus joyeux de tous fut un petit homme nommé Merdek, qui était l'esclave obéissant de sa chère moitié, et dont le cœur se dilatait de joie à la pensée de ses semblables, d'un ses amis qui allait être réduit au même sort que lui.

Un mois environ après la célébration de ce mariage, Merdek rencontra Sadik-Beg, et prit un plaisir malicieux à le féliciter de son bonheur.

— Je vous remercie bien sincèrement, lui répondit Sadik, je suis heureux, et la joie de mes amis ajoute encore, s'il est possible, à ma félicité.

— Parlez-vous franchement quand vous tenez un pareil langage? lui demanda Merdek avec un sourire ironique.

— Eh? mon bon Merdek, dit Sadik, pourquoi doutez-vous de ma franchise ?

— Vous seriez heureux ?

— Très-certainement je le suis, mon ami.

— Cela ne se peut pas.

— Cela est, et pourquoi cela ne serait-il
pas ?

— Pourquoi ? parce que le caractère de la
belle Houseini est connu de tout le monde,
parce qu'une femme si fière et si capricieuse
ne peut pas être une épouse douce, tendre,
soumise, tranchons le mot, supportable.

Sadik, qui connaissait les infortunes con-
jugales de Merdek, s'amusa de cette sortie au
lieu de s'en fâcher.

— Je comprends, lui dit-il, les raisons,
qui vous inspirent des craintes pour ma tran-

quillité et mon bonheur. Avant de me marier, je savais tout ce que le monde pense de ma femme, tout ce que vous en pensez vous-même, et je m'en effrayais un peu, je l'avoue ; mais, apprenez-le, mon cher ami, mes inquiétudes ne se sont pas réalisées ; ma femme est la plus docile et la plus obéissante de toutes les femmes.

— Comment s'est accompli un si grand miracle ? s'écria Merdek stupéfait, et à qui en êtes-vous redevable ?

— A moi, peut-être, répondit Sadik. Ecoutez bien ce que je vais vous raconter. Les cérémonies de mon mariage terminées, je me rendis, vêtu de mon uniforme militaire et armé de mon épée, à l'appartement de Houseini. Elle se tenait assise dans l'attitude la plus solennelle qu'elle avait pu prendre pour me recevoir, et ses regards n'étaient rien moins qu'encourageants. Au moment où je franchis le seuil de la chambre, un chat magnifique, évidemment le favori de sa maîtresse, vint à moi en faisant le gros dos. Tirant résolument mon épée, je lui coupai la tête, et, prenant d'une main sa tête, et de l'autre son corps, je les jetai par la fenêtre. Alors je m'approchai froidement d'Houseini, qui paraissait un peu alarmée ; elle ne m'adressa toutefois aucun reproche ; et depuis lors elle n'a pas cessé un seul instant d'être douce et soumise.

— Merci, mon ami, merci, dit Merdek à Sadik en secouant la tête d'un air significatif : le sage entend à demi mot ; et il disparut au plus vite , en répétant merci , très-satisfait en apparence du dénouement de l'histoire.

Le jour touchait à sa fin. Dès que la nuit fut tout à fait sombre , Merdek entra dans la chambre de sa femme , armé d'un cimeterre et se donnant une démarche et une tournure martiales. Le chat favori du logis s'avança à sa rencontre pour lui souhaiter la bienvenue ; mais au lieu de le caresser , comme autrefois , il le prit par la tête et lui coupa le cou. Tandis qu'il ramassait la tête qui avait roulé à terre dans les flots de sang, il se sentit lui-même frappé sur la nuque, et il roula à terre à moitié évanoui. De nouveaux coups se succédèrent bientôt avec rapidité. Quand il put ouvrir les yeux, il vit que c'était sa femme qui le frappait ainsi.

— Imbécile, lui dit-elle avec un ricanement dédaigneux, que ceci te serve de leçon : c'était le jour de notre mariage qu'il fallait tuer le chat.

UN QUIPROQUO HISTORIQUE.

A la fin du siècle dernier, Charles II étant au lit de mort, et Louis XIV recherchant tous les moyens de gagner la sympathie de l'Espagne comme principal échelon pour élever son fils au trône de cette monarchie, toutes les escadres françaises eurent ordre de se con-

former autant que possible aux mœurs espa-
gnoles, chaque fois qu'elles aborderaient à
quelque port de la Péninsule.

Or, une escadre française ayant jeté l'ancre
dans le port de Carthagène, le commandant
ordonna à un officier de sauter dans un canot
et d'aller complimenter le gouverneur, lui
recommandant sur toutes choses de bien remarquer, avant de débarquer au quai, s'il y
avait dans le costume des Espagnols quelque
chose que l'état-major de l'escadre pût imiter,
et de revenir lui en faire part avant de débarquer.

L'officier arrive au quai à deux heures du
soir, c'est-à-dire au moment le plus chaud
d'une après-midi de juillet. Il regarda s'il y
avait du monde au débarcadère ; mais l'excès

de la chaleur ayant dépeuplé le rivage , il ne s'y trouvait, par hasard, qu'un grave religieux portant lunettes , et , à quelque distance , un vieux monsieur en lunettes aussi.

L'officier français , jeune homme intrépide, mais peu apte à faire des méditations morales sur les mœurs des nations , conclut de ce qu'il voyait que tout vassal de la couronne d'Espagne , quels que fussent son sexe , son âge ou son rang , était tenu , de par une loi votée par les Cortès , à porter nuit et jour au moins une paire de lunettes. Il retourne vers son commandant , et lui fait part de ce qu'il a observé. Dire quel fut l'embarras de tout l'état-major de l'escadre pour trouver autant de paires de lunettes qu'il y avait de nez, serait chose impossible. Cependant le hasard voulut que le domestique d'un officier , qui faisait quelque trafic pendant les voyages de son maître, en eût quelques douzaines; aussitôt l'officier s'en mit une paire, et fut imité par ses compagnons, et enfin par tout l'équipage de la chaloupe qui retournait au quai.

Quand ils y arrivèrent, la nouvelle de l'entrée de l'escadre française s'étant répandue , le quai était plein de monde.

La surprise de ces spectateurs , quand ils virent débarquer les Français , presque tous jeunes , élégants de costume, d'allure dégourdie , et parés d'un si malheureux ornement, ne peut se comparer à rien. Deux ou trois compagnies de soldats de marine , qui faisaient partie de la garnison , se trouvaient parmi les spectateurs; et , comme cette espèce

de troupe amphibie se composait des êtres le
plus effrontés de l'Espagne, ils ne purent s'em
pêcher de rire. Peu endurants, les Françai
demandèrent la cause de cette hilarité ave
plus d'envie de la châtier que de la connaître
Les Espagnols répondirent par de nouveau
éclats de rire, et tout cela eut le seul résulta
auquel on devait s'attendre.

Cependant le tumulte avait attiré le gou
verneur de la place et le commandant de l'escadre. Ils s'informèrent de la cause du désor-
dre, et la sagesse de tous deux apaisa l'émeute
mais non sans peine, car ils en avaient er
beaucoup eux-mêmes à s'entendre l'un l'autre
le gouverneur ne comprenant pas le français
et le commandant n'entendant pas l'espagnol
La conversation était encore moins facile en-

tre un chapelain de l'escadre et un prêtre de la place, qui, dans le dessein de servir d'interprètes, se parlaient en latin, et ne comprenaient rien aux demandes ou aux réponses qu'ils se faisaient, à cause de leur différente manière de prononcer, et du temps que passa le premier à se moquer du second, parce qu'il prononçait *u* comme *ou*, et le second du premier, parce qu'il prononçait la diphtongue *au* comme *o*, pendant lequel temps les marins et les soldats s'entretuaient.

LE RETIRO DE MADRID.

Pour les jardins seulement, le *Retiro* serait comparable à l'Élysée de Paris, si l'Élysée était trois ou quatre fois plus grand. Ce palais est d'une magnificence admirable, à l'intérieur surtout ; la famille royale l'habite quand elle n'est pas à *Aranjuez*, au *Prado* ou à la *Granja*.

Cette résidence est principalement renommée dans les provinces de l'Espagne. Les habitants la comptent parmi les merveilles du monde : voir le *Retiro* est leur premier désir en arrivant dans la capitale, et il n'est rien qu'ils n'entreprennent pour satisfaire cette curiosité. Il est intéressant de lire à ce sujet M. Mesonero Romanos, le spirituel auteur des *Scènes de Madrid*.

« Les provinciaux, dit-il, affrontent d'un cœur calme et intrépide les mille et mille démarches nécessaires pour se procurer un billet d'entrée à ce jardin d'Armide, à cette oasis enchanteresse. »

» Ils vont, par exemple, harceler le député de leur province afin qu'il parle au ministre, pour que celui-ci entreprenne le chambellan, qui aura à écrire une lettre au secrétaire, lequel s'interposera auprès du concierge dans le but d'obtenir de lui un billet d'entrée à *l'ordre du porteur*.

» Le précieux papier enfin accordé, on se lève de grand matin ; les parents, alliés et amis ont été préalablement convoqués ; tous se rallient, marchent en colonne serrée vers le *Retiro*, et se présentent humblement au gardien du sanctuaire. Cet homme, après avoir procédé à l'examen du permis et à tout ce que réclame un acte si solennel, commence à conduire le groupe ébaubi à travers le labyrinthe enchanteur, sur les beautés duquel il attire particulièrement l'attention des mamans et des sœurs de ces nouveaux Anacharsis. Celles-ci ne manquent pas de répondre par des exclamations et des gestes de plaisir, chaque fois qu'on leur dit que c'est sur ce banc que Sa Majesté a coutume de s'asseoir en revenant de la promenade, que cette pierre a fait trébucher tel jour l'Infant un tel, et que dans cet arbre un nid de moineaux a été surpris par son auguste père.

» Ensuite, l'obligeant cicéronne donne du jeu à la petite fontaine de coquillage de l'entrée, ou à la petite cascade du coin, et tous les honorables spectateurs reculent avec force exclamations, quand ils voient l'eau jaillir vers leurs chapeaux ; les plus petits courent et crient, avec une joie bruyante, demandant d'où sort le jet d'eau, comment il se fait qu'ils ne soient pas mouillés, et adressent mille autres questions qui flattent nécessairement la vanité des directeurs de cette admirable *surprise.* »

» Plus loin, les visiteurs entreront dans les grottes rustiques. Ils passeront leurs badines ou leurs cannes entre les grilles de la volière, resteront ébahis en voyant les petits oiseaux voltiger, et jetteront des miettes aux cygnes du bassin, en prenant, sur la foi des poètes, leur coassement pour un chant mélodieux.

» Puis le gardien chargé de les guider, et qui aura *endossé* comme une *lettre de change* notre groupe provincial, le passera à l'ordre d'un second gardien, non sans recevoir au moment de la séparation une petite pièce de monnaie donnée en guise de *dommages-inté-rêts;* le second gardien continuera pendant quelque temps l'explication, qui sera suivie d'une nouvelle transmission à un troisième gardien, puis à un quatrième, puis à un autre, et à un autre encore ; le tout du reste exécuté avec une précision de mouvement admirable , mais qui allégera d'une façon non moins remarquable les bourses de soie ou de jais des senores visiteurs.

<hr>

LIMOGES. — IMPRIMERIE DE BARBOU FRÈRES.